Melanie Scheid

Das Klima der deutschen Städte Stuttgart und Saarbrücken

GRIN Verlag

Bibliografische Information der Deutschen Nationalbibliothek:

Die Deutsche Bibliothek verzeichnet diese Publikation in der Deutschen National-
bibliografie; detaillierte bibliografische Daten sind im Internet über http://dnb.d-
nb.de/ abrufbar.

Impressum:

Copyright © 2013 GRIN Verlag GmbH
Druck und Bindung: Books on Demand GmbH, Norderstedt Germany
ISBN: 978-3-656-69139-6

Dieses Buch bei GRIN:

http://www.grin.com/de/e-book/276067/das-klima-der-deutschen-staedte-stuttgart-
und-saarbruecken

FR 5.4 Geographie

Proseminar Physische Geographie Mitteleuropas

Sommersemester 2013

Hausarbeit

„Das Klima der deutschen Städte

am Beispiel von Stuttgart und Saarbrücken"

Name: Melanie Scheid

Abgabetermin: 31.08.2013

<u>*Abbildungsverzeichnis*</u>

1 Einleitung

Die folgende Arbeit beschäftigt sich mit dem *Lokalklima in Städten*.

Hierbei werden zunächst typische Eigenschaften und Einflussfaktoren des Stadtklimas beschrieben, aber auch die problematischen Auswirkungen und aktuellen Entwicklungen hinsichtlich Verbesserungen des Stadtklimas angesprochen.

Anschließend wird auf zwei konkrete Fallbeispiele – *Stuttgart* und *Saarbrücken* - eingegangen.

Nach einer Beschreibung der *geographischen Lage* und spezieller *klimatischer Eigenschaften* der Fallbeispiele liegt der Schwerpunkt der Arbeit auf der aktuellen Problematik der *Luftqualität* in den Städten.

Die starke Luftverunreinigung in Stuttgart und Saarbrücken hat teilweise schon in der Vergangenheit Probleme aufgeworfen.

Bereits seit 1996 wurden von der EU (damals noch EG) Richtlinien zur Luftqualität aufgestellt. Diese wurden zuletzt 2008 erneuert und enthalten Regelungen bzgl. der Grenzwerte verschiedener Luftschadstoffe und verpflichten zur Maßnahmenergreifung bei Überschreitung dieser Grenzwerte (vgl. EURLEX 2013, web).

Beide Städte aus den Fallbeispielen waren durch eine Überschreitung der Grenzwerte gezwungen, Maßnahmen zu ergreifen, um eine weitere Verschlechterung und damit auch verstärkte negative Einflüsse auf Mensch und Umwelt zu verhindern.

Diese Entwicklungen werden hier genauer beschrieben.

2 Grundlagen: Stadtklima allgemein

2.1 Definitionen

In der Fachliteratur sind verschiedene Definitionen des Begriffs *Stadtklima* zu finden.

Kuttler definiert den Begriff in Abgrenzung zum Freilandklima und nennt gleichzeitig bereits einige Einflussfaktoren:

„Die klimatischen und lufthygienischen Veränderungen, die Städte im Vergleich zum Freiland aufweisen, werden allgemein unter dem Begriff ‚Stadtklima' zusammengefasst. Das Stadtklima ist somit ein mit der Bebauung in Wechselwirkung stehendes Mikro- und Mesoklima, das zusätzlich durch technisch produzierte Abwärme und anthropogene atmosphärische Spurenstoffe modifiziert wird" (KUTTLER 2009, S. 193).

In Lesers Definition werden weitere zusätzliche Charakteristika genannt:

„Das Klima der urban-industriellen Gebiete, aber auch kleinerer Städte, das sich durch Baukörpermassierung, stadtspezifische Nutzflächentypen, Versiegelung der natürlichen Erdoberfläche sowie Konzentration der Standorte von Emittenten (Industrie, Gewerbe, Hausbrand), Vegetationsarmut und Verkehr ergibt" (LESER 2008, S. 101).

2.2 Einflussfaktoren

Bei den Einflussfaktoren eines Lokalklimas wird zwischen *makroskaligen* Faktoren, wie Breitenlage bzw. Klimazone, Oberflächenformen und deren Beschaffenheit sowie der Entfernung zu großen Wasserkörpern, und *mikro- bis mesoskaligen* Faktoren unterschieden. Im Bezug auf das Stadtklima spielen letztere eine entscheidende Rolle.

Hierzu zählen die Stadtgröße, die Einwohnerzahl, die Art der urbanen und ruralen Flächennutzung, die Höhe des Versiegelungsgrades des Bodens, die Intensität der dreidimensionalen Strukturierung eines Stadtkörpers und die Emission gasförmiger, fester und flüssiger Luftbeimengungen sowie Abwärme aus technischen Prozessen (vgl. KUTTLER 2009, S. 197).

2.3 Charakteristika

Die wesentlichen Unterschiede zwischen einer westeuropäischen Stadt und dem Umland wurden von Kuttler tabellarisch zusammengefasst. Im Folgenden werden einzelne Punkte näher erläutert.

Einflussgrößen	Veränderungen gegenüber dem nicht bebauten Umland
Globalstrahlung (horizontale Fläche)	bis −10 %
Albedo	±
Gegenstrahlung	bis + 10 %
UV-Strahlung im Sommer im Winter	 bis −5 % bis −30 %
Sonnenscheindauer im Sommer im Winter	 bis −8 % bis −10 %
Sensibler Wärmestrom	bis + 50 %
Wärmespeicherung im Untergrund und in Bauwerken	bis + 40 %
Lufttemperatur – Jahresmittel – Winterminima – in Einzelfällen	 ~ + 2 K bis + 10 K bis + 15 K
Wind – Geschwindigkeit – Richtungsböigkeit – Geschwindigkeits- böigkeit	 bis −20 % stark variierend erhöht
Luftfeuchtigkeit	±
Nebel – Großstadt – Kleinstadt	 weniger mehr
Niederschlag – Regen – Schnee – Tauabsatz	 mehr (leeseitig) weniger weniger
Luftverunreinigungen – CO, NO_x, PM_{10}, AVOC[1], PAN[2] – O_3	 mehr weniger (Spitzen höher)
Bioklima Vegetationsperiode	bis zu zehn Tage länger
Dauer der Frostperiode	bis −30 %

Abb. 1: Unterschiede klimatischer Einflussgrößen zwischen Stadt und Umland (KUTTLER 2009, S. 194)

2.3.1 Strahlung

Die Globalstrahlung wird durch die *städtische Dunstglocke* um bis zu 10% verringert, gleichzeitig steigt infolge dieser Dunstglocke die atmosphärische Gegenstrahlung um bis zu 10% an (vgl. auch LAUER, BENDIX 2006, S. 299).

Unterschiede in der Albedo hängen von Farbe, Struktur und Ausrichtung zur Sonne ab. So können die typischen weiß getünchten Häuser im Mittelmeerraum eine höhere Albedo erzeugen, was sich auf die Strahlungsbilanz auswirkt (vgl. KUTTLER 2009, S. 194f.).

Die UV-Strahlung und die Sonnenscheindauer erreichen in der Stadt geringere Werte: Aufgrund der verschmutzten Stadtatmosphäre wird die UV-Strahlung ausgefiltert, die Sonnenscheindauer wird durch die größere Verschattung in den durch die Bebauung entstehenden ‚Straßenschluchten' verkürzt. Dennoch können durch ungünstige Ausrichtung, Höhe, Bestandsdichte der Gebäude und den Straßenverlauf Extremwerte der Sonnenscheindauer erreicht werden (vgl. ebd., S. 194f.).

2.3.2 Temperatur

Die Lufttemperatur wird durch den Einfluss der Bebauung und der anthropogenen

(Ab-)Wärmeproduktion deutlich erhöht, im Jahresmittel um 1 bis 2 K, in Einzelfällen sogar bis zu 15 K. Die Wärmespeicherung im Untergrund und in Bauwerken durch das verwendete Baumaterial sorgt für eine Wärmespeicherung von bis zu 40%, weshalb Städte auch als *Tagspeicher* bezeichnet werden.

Die höheren Temperaturen beeinflussen auch die Dauer der Vegetationsperiode (verlängert) und der Frostperiode (verringert) (vgl. ebd., S. 194f.).

2.3.3 Wind

Die Bebauung sowie die dadurch veränderte Bodenrauigkeit beeinflussen auch den Wind. Die erhöhte Bodenrauigkeit behindert die Strömung, was eine geringere Windgeschwindigkeit und somit auch einen geringeren Luftaustausch verursacht. Jedoch ist die Böigkeit des Windes insbesondere an Gebäudekanten meist stark erhöht. Es kommt zu einer Kanalisierung des Windes und Nachlaufwirbeln im Lee der Gebäude (vgl. ebd., S. 194f.).

2.3.4 Niederschläge

Niederschläge in Form von Regen sind in der Stadt erhöht. Dies wird bedingt durch einen kumulativen Effekt von Turbulenzeffekten der Stadtluft, thermischer Konvektion über der *städtischen Wärmeinsel* und künstlicher Vermehrung der Kondensationskerne durch die Luftverschmutzung (vgl. LAUER, BENDIX 2006, S. 303). Aufgrund der höheren Temperaturen kommt es jedoch seltener zu Niederschlägen in Form von Schnee.

Durch die höheren Oberflächentemperaturen in der Nacht ist außerdem kaum Tauabsatz möglich.

2.3.5 Luftverunreinigung

Luftverunreinigungen oder auch *Luftschadstoffe* ist eine „Sammelbezeichnung für alle Stoffe, die in der natürlichen, nicht technogen beeinflussten Luft nicht oder nur in kleinsten Mengen vorkommen. Eine Luftbeimengung wird erst dann zum Luftschadstoff, wenn eine bestimmte Massenkonzentration [...] erreicht wird und (definierte) Schäden auftreten" (LESER 2008, S. 128).

Die Luftverunreinigung wird heute trotz Katalysatoren v.a. durch Kfz-Emissionen beeinflusst. Die Werte von Kohlenmonoxid (CO), Stickoxiden (NO_x), Feinstäuben (PM10), anthropogenen Kohlenwasserstoffen (AVOC) und Peroxyacetylnitraten (PAN) sind in der Stadt erhöht. In den Fallbeispielen wird näher auf diesen Punkt eingegangen (vgl. KUTTLER 2009, S. 194).

2.4 Klimawandel in der Stadt

Die Luftverunreinigungen in der Stadt beeinflussen die dortige Luftqualität sowie die Strahlung und Temperaturen.

Dieser Gesamteffekt des Stadtklimas führt letztlich zu einer Überwärmung gegenüber dem Umland, der so genannten *städtischen Wärmeinsel* (vgl. LAUER, BENDIX 2006, S. 301).

Wie stark sich dieser Effekt zusammen mit der allgemeinen Erderwärmung auf Temperaturen und Niederschläge auswirkt, zeigt diese Darstellung der klimatologischen Ereignistage für Nordrhein-Westfalen:

	Gegenwart (1951/2000) Mittlere Anzahl/Jahr	Zukunft (2046/2055) Mittlere Anzahl/Jahr	
Frosttage	67,1	-31%	46,1
Eistage	14,9	-42%	8,7
Sommertage	26,2	+68%	44,2
Heiße Tage	4,4	+145%	10,8
Tage mit Niederschlag $\leq 0,1$ mm	180,9	+2%	185,3
Tage mit Niederschlag ≥ 10 mm	24,1	+5%	25,2

Abb. 2: Klimatologische Ereignistage Nordrhein-Westfalen (vgl. KUTTLER 2009, S. 214; Prozentwerte eigene Ergänzung)

Es ist also an der Zeit, Maßnahmen zu ergreifen, die das Stadtklima verbessern können. Hierzu zählen u.a. eine hochverdichtete, kompakte Bauweise mit optimaler Wärmedämmung und Verschattungsmöglichkeiten, eine Stadt der kurzen Wege mit optimaler Anbindung an den Personennahverkehr, eine Reduzierung des suburbanen Wachstums, die Garantie einer bodennahe Durchlüftung, urbane Durchgrünung (vgl. KUTTLER 2009, S. 216), vor allem aber auch Luftreinhaltepläne, die das Ziel haben, Emissionen zu verringern und die Luftqualität zu verbessern. Auf diese Luftreinhaltepläne wird in den folgenden Kapiteln näher eingegangen.

3 Fallbeispiel 1: Stuttgart

Abb. 3: Karte Stuttgart (LANDESHAUPTSTADT STUTTGART o.J., web)

3.1 Räumliche Verortung

Stuttgart liegt bei 48°47' nördlicher Breite und 9°11' östlicher Länge, im Bundesland Baden-Württemberg in der *Stuttgarter Bucht*. Die Stadt wird im Westen durch den Schwarzwald, im Süden durch die Schwäbische Alb, im Osten durch den Schurwald und im Nordwesten durch das Strom- und Heuchelberggebiet abgeschirmt. Man spricht von einer so genannten *Kessellage* (vgl. MÜLLER 1998, S. 91).

Das Zentrum bzw. der Kessel liegt in einer Senke, ca. 245 m über NN, die Randhöhen erreichen ca. 400 m über NN (vgl. LANDESHAUPTSTADT STUTTGART a) o.J., web). Eine Unterbrechung erfolgt nur durch das Tal des Nesenbachs.

Hinzu kommt, dass Stuttgart im Einflussgebiet der nach Nordosten vorgeschobenen Ausläufer des Azorenhochs liegt, was eine Wetterberuhigung verursacht (vgl. MÜLLER 1998, S. 91).

3.2 Klima

Die durchschnittliche Jahrestemperatur in Stuttgart beträgt ca. 10°C im Stadtkessel und 8,4°C auf den Randhöhen. Damit ist Stuttgart eine der *wärmsten Städte* Deutschlands.

Die Stadt kommt im Jahr auf ca. 1720 Sonnenstunden (Maximum im Juli: 237 h, Minimum im Dezember: 60 h). Durch die unterschiedlichen Höhenverhältnisse gibt es jedoch starke Schwankungen, zudem überwiegt die Anzahl der Sonnenstunden an den Südhängen.

Den hohen Temperatur- und Sonnenstundenwerten stehen geringe Niederschlagswerte gegenüber: Mit durchschnittlich 664 mm pro Jahr gehört Stuttgart zu den *niederschlagsarmen* Regionen Deutschlands (Maximum im Juni, Minimum im Februar). Diese geringe Menge ist in der so genannten Leelage Stuttgarts gegenüber dem Schwarzwald und der Schwäbischen Alb begründet.

Zu Beginn des 20. Jahrhunderts führte sie in Kombination mit der steigenden Bevölkerung zu Wassermangel, weshalb 1917 erste Fernleitungen von der Schwäbischen Alb gebaut wurden und die Stadt seit 1959 eine zusätzliche Versorgung mit Bodenseewasser benötigt.

Die Windverhältnisse der Region werden durch die Höhenzüge bestimmt, da sie dadurch *sehr abgeschattet* wird. Die ohnehin im Südwesten schwache Windgeschwindigkeit (siehe 3.1) wird dadurch noch weiter abgeschwächt: Die durchschnittliche Windgeschwindigkeit beträgt 1,5 m/s in der Innenstadt und 2,5 m/s auf den Randhöhen. Es kommt örtlich durch die Bebauung und Kessellage zu großen Abweichungen von der Hauptwindrichtung (West bis Südwest). Außerdem bilden sich an den Hängen sowie an den Tälern des Stadtgebiets (z.B. Nesenbachtal) *Kaltluftflüsse* (siehe Abb. 4) mit geringen Windgeschwindigkeiten. Diese sind äußerst wichtig für die *Frischluftzufuhr* und die *Luftqualität* (vgl. LANDESHAUPTSTADT STUTTGART 2006, S. 2ff.).

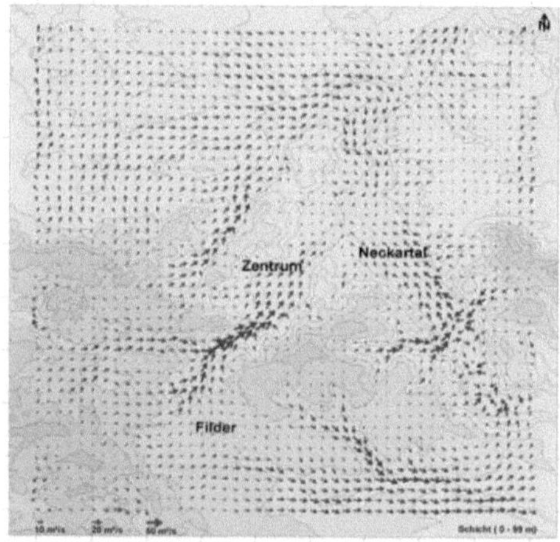

Abb. 4: Kaltluftflüsse in Stuttgart (LANDESHAUPTSTADT STUTTGART 2006, S. 5)

3.3 Problem der Luftbelastung

3.3.1 Entwicklung

Die lufthygienischen Verhältnisse waren aufgrund der topografischen Situation der städtischen Kessellage immer ein Thema bei Planung, Bauen und Besiedlung.

Die Luftbelastung in Stuttgart wurde schon Ende des 17. Jahrhunderts wahrgenommen. Das Problem sollte bei der weiteren Stadtplanung und –erweiterung berücksichtigt werden. Dennoch erfolgte eine große Stadterweiterung um 1900, die zu einem starken Bevölkerungswachstum und einer weiteren Verschlechterung der Luftverhältnisse führte (vgl. LANDESHAUPTSTADT STUTTGART b) o.J., web).

In den 1930er Jahren wurden erste *Messstationen* zur Kontrolle der Luftqualität geplant, aufgrund des Krieges konnte diese Planung erst in den 60er Jahren wieder aufgenommen werden.

Seit 1980 verfügt Stuttgart über ein Messnetz, das flächendeckende Daten zur Luftbelastung liefert. 1982 wurde zum ersten und einzigen Mal ein Smogalarm in der Stadt ausgerufen (vgl. LANDESHAUPTSTADT STUTTGART b) o.J., web).

Die Messungen der letzten Jahre ergaben, dass nicht verkehrsbedingte Schadstoffe (z.B. Schwefeldioxid, Staubniederschlag, Kohlenmonoxid) in den vergangenen Jahren stark abgenommen haben. Die *verkehrsbedingte Schadstoffe* (z. B. Stickoxide, PM10, Ozon) jedoch bleiben bisher auf hohem Niveau. In zahlreichen Stadtstraßen liegen die Schadstoffwerte für Stickstoffdioxid und PM10 über den Grenzwerten für verkehrsbeschränkende Maßnahmen (vgl. LANDESHAUPTSTADT STUTTGART c) o.J, web.).

Schadstoff	Feinstaub (PM$_{10}$)		Stickstoffdioxid (NO$_2$)	
Grenzwert	gültig ab 2005	gültig ab 2005	gültig	gültig ab 2010
	Anzahl der Tagesmittelwerte	Jahresmittelwert	Anzahl der 1-Stunden-Mittelwerte	Jahresmittelwert
	über 50 µg/m³	in µg/m³	über 200 µg/m³	in µg/m³
Zulässig	35	40	175	44 [1]
Rechtsfolge bei Überschreitung	Aktionspläne	Aktionspläne	Aktionspläne	Luftreinhaltepläne
Messorte				
Stuttgart - Mitte, Arnulf-Klett-Platz	14	27	9	-
Stuttgart - Mitte, Hohenheimer Straße	21	30	300	-
Stuttgart - Mitte, Am Neckartor	89	41	377	-
Stuttgart – Bad Cannstatt, Waiblingerstraße	33	30	-	-

[1] Dieser Wert ist die Summe aus dem ab 2010 einzuhaltenden Immissionsgrenzwert für den Jahresmittelwert von 40 µg/m³ und einem im Jahr 2008 zulässigen Toleranzwert von zusätzlich 4 µg/m³.

Abb. 5: NO$_2$- und PM10-Messungen in Stuttgart im Jahr 2008 (LANDESHAUPTSTADT STUTTGART d) o.J., web)

Dies zeigt die Notwendigkeit des 1990 eingeführten *Luftreinhalteplans*.

3.3.2 Luftreinhalteplan

In Stuttgart werden die vorgeschriebenen Grenzwerte für Schwefeldioxid, Kohlenmonoxid, Benzol und Blei in Stuttgart eingehalten. Allerdings kommt es zu einer Überschreitung des Tageswertes für *Feinstaub* (PM10) von 50 µg/m³ häufiger als an den erlaubten 35 Tagen. Dies ist insbesondere an Tagen mit austauscharmen Wetterlagen der Fall. So wurde der Wert z. B. an der Station „Am Neckartor" der Tageswert für das Jahr 2007 an 110 Tagen und für 2008 noch an 89 Tagen überschritten (vgl. LANDESHAUPTSTADT STUTTGART d) o.J., web).

Abb. 6: Dunstglocke über Stuttgart bei austauscharmer Wetterlage (LANDESHAUPTSTADT STUTTGART d) o.J., web)

Auch bei *Stickstoffdioxid* (NO_2) kam es in der Vergangenheit häufig zu Überschreitungen. Diese treten insbesondere an Orten mit starker Verkehrsbelastung auf. So wurde der Grenzwert von 175 erlaubten Stunden über 200 µg/m³ im Jahr 2008 mit 377 Stunden deutlich überschritten.

Auch der seit 2010 gültige Grenzwert (40 µg/m³) zuzüglich der definierten Toleranzmarge wurde zum Teil nicht eingehalten.

Hauptursache der Feinstaub- wie auch der Stickstoffdioxidbelastung ist der *Verkehr*. Die anspruchsvolleren Abgas-Euro-Normen konnten der Verkehrszunahme nicht ausreichend entgegenwirken.

Der Luftreinhalteplan sieht verschiedene Maßnahmenkategorien vor:

Hierzu gehören verkehrsbehördliche, technische und verkehrs- bzw. stadtplanerische Maßnahmen sowie Maßnahmen bei anderen Verursachern von Emissionen.

Zu den *verkehrsbehördlichen* Maßnahmen zählen die Plaketten der Fahrzeugkategorien (z.B. EURO-Norm 1–3), Geschwindigkeitsbegrenzungen und Verkehrsverflüssigungen.

Technische Maßnahmen wirken nur längerfristig, hierzu gehören u.a. eine Verschärfung der EU-Abgasnormen, die eine Verbesserung der Abgaswerte der Fahrzeuge zum Ziel hat, und die Förderung und beschleunigte Einführung von Gasmotoren, auch im Sektor Busse, Taxis und Lieferfahrzeuge.

Auch der Ausbau des ÖPNV und damit eine Veränderungen des Modal-Split sowie ein verbessertes Parkraummanagement in der Innenstadt als *planerische* Maßnahmen sind angedacht.

Zu den Maßnahmen bei *anderen Quellengruppen* gehören z. B. ein Verbot der Verbrennung von Gartenabfällen sowie Beschränkungen bei staubintensiven Betrieben und Baustellen an Tagen mit hoher Luftbelastung (vgl. LANDESHAUPTSTADT STUTTGART d) o.J., web).

4 Fallbeispiel 2: Saarbrücken

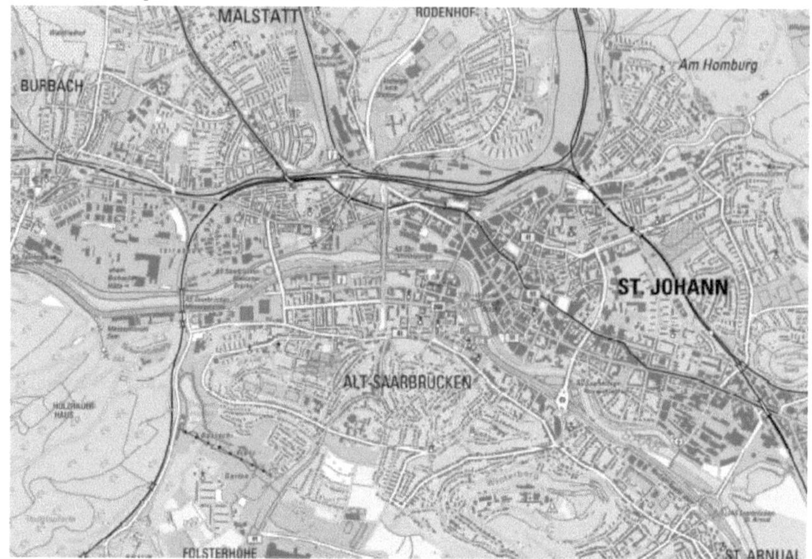

Abb. 7: Karte Saarbrücken (MINISTERIUM FÜR UMWELT UND VERBRAUCHERSCHUTZ 2013, S. 13)

4.1 Räumliche Verortung

Saarbrücken liegt bei 49°14' nördlicher Breite und 7° östlicher Länge (vgl. LANDESHAUPTSTADT SAARBRÜCKEN 2011, web). Die Stadt liegt in einer *Talaue* entlang der Saar, das Stadtgebiet erstreckt sich in Ost-West-Richtung 22,9 km und in Nord-Süd-Richtung 16,7 km. Die weiten Terrassenflächen entlang der Saar werden im Norden durch eine lange Kette von Höhenvorsprüngen eingeschlossen, im Süden befinden sich die Höhen des Stiftswaldes und des Roten Berges und im Westen der Warndt (vgl. MINISTERIUM FÜR UMWELT UND VERBRAUCHERSCHUTZ 2012, S. 13). Hierdurch ergibt sich auch bei diesem Fallbeispiel eine *Kessellage*.

Der niedrigste Punkt liegt mit 178,5 m über NN in den Saarauen an der Schleuse Luisenthal, der höchste Punkt mit 401 m über NN befindet sich am Steinkopf, nördlich des Flughafens Saarbrücken (vgl. ebd. S. 13f.).

4.2 Klima

Die durchschnittliche Jahrestemperatur Saarbrückens ist mit 10,4°C im Tal (Saarbrücken-St. Johann, 193 m über NN) und 8,9°C auf den Höhen am Flughafen Ensheim mit der Stuttgarts vergleichbar (DEUTSCHER WETTERDIENST a) 2013, web).

Der durchschnittliche Jahresniederschlag der vier angegebenen Messstationen (Saarbrücken Schleuse, Ensheim, St. Johann und Schafbrücke) liegt mit fast 870 mm deutlich über dem Jahresniederschlag Stuttgarts (DEUTSCHER WETTERDIENST b) 2013, web).

Die Zahl der Sonnenstunden hingegen schwankt je nach Messstation zwischen 1394 (St. Johann) und 1661 (Ensheim) und liegt damit deutlich darunter (DEUTSCHER WETTERDIENST c) 2013, web).

Der Wind weht hauptsächlich aus Südwest und Nordost (vgl. MINISTERIUM FÜR UMWELT UND VERBRAUCHERSCHUTZ 2012, S. 14).

4.3 Problem der Luftbelastung

4.3.1 Entwicklung

1983 wurde das saarländische *Luftmessnetz IMMESA* in Betrieb genommen. Es umfasst aktuell zwölf Luftmessstationen sowie eine deutsch-französische Versuchsmessstation im französischen Schoeneck. Die meisten Messstationen befinden sich im Verdichtungsraum des Saartals.

Das Messnetz setzt sich aus kontinuierlich betriebenen Messstationen sowie so genannten *Passivsammlern* zur Bestimmung der NO_2-Konzentrationen zusammen. Diese ermöglichen eine kostengünstige Sammlung von Informationen über die Luftqualität an Orten, die aus finanziellen Gründen oder aufgrund der Platzverhältnisse nicht mit einer kontinuierlichen Messeinrichtung überwacht werden können.

Es werden Messungen der folgenden Luftschadstoffkomponenten vorgenommen: Schwefeldioxid, Stickstoffoxide, Kohlenmonoxid, Feinstaub (PM10), Benzol, Blei im Feinstaub (PM10), Arsen, Cadmium, Nickel und Benzo(a)pyren als Bestandteile des Feinstaubs (PM10), Ozon sowie Feinstaub (PM2.5) (vgl. MINISTERIUM FÜR UMWELT UND VERBRAUCHERSCHUTZ 2012, S.14f.).

Aktuell gibt es vier Messstationen in Saarbrücken:

- Saarbrücken-Eschberg (OSSB): städtischer Hintergrund
- Saarbrücken-Burbach (BURB): städtischer Hintergrund mit Industrieeinfluss und mäßigem Verkehr
- Saarbrücken-City (SBCY): städtischer Hintergrund mit Industrie- und Verkehrseinfluss
- Saarbrücken-Verkehr (SBVS): Verkehrsstation.

Seit Februar 2009 erfolgen zusätzlich Messungen der Luftbelastung mit NO_2 an zehn weiteren Messpunkten in der Innenstadt von Saarbrücken durch die bereits erwähnten Passivsammler (vgl. MINISTERIUM FÜR UMWELT UND VERBRAUCHERSCHUTZ 2012, S. 17).

4.3.2 Luftreinhalteplan

Da der Grenzwert für *Stickstoffdioxid* (40 µg/m^3 im Jahresmittel) in Saarbrücken 2009 und 2010 überschritten wurde, war es für das Saarland erforderlich, einen Luftreinhalteplan zu erstellen. Dieser stellt Maßnahmen auf, deren Ziel es ist, die europaweit gültigen Grenzwerte einzuhalten (vgl. ebd., S. 5).

Zunächst war jedoch eine *lufthygienische Analyse* notwendig.

Diese ergab, dass das NO$_2$-Immissionsfeld deutlich durch die Emissionen der Autobahn A620 und der Westspange beeinflusst wird. Die A620 hat ein tägliches Verkehrsaufkommen von 80.000 Kraftfahrzeugen, die Westspange von 56.000 Kraftfahrzeugen. Jedoch zeigten sich auch hohe Konzentrationen in Straßenabschnitten mit geringerem Verkehrsaufkommen. Diese werden vor allem durch einen höheren Störungsgrad (Staus) und den hohen Linienbusanteil verursacht. Des Weiteren ist der Straßenraum an diesen Stellen eng und schlecht durchlüftet (vgl. ebd. S. 35).

Die folgende Abbildung zeigt die mittleren Stickstoffdioxidkonzentrationen im Jahr 2010 im angesprochenen Betrachtungsraum, rot steht für die höchsten Konzentrationen:

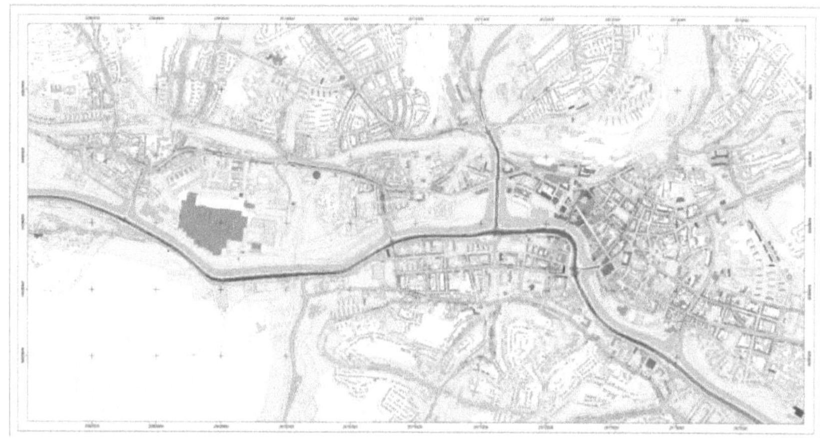

Abb. 8: Mittlere NO$_2$-Konzentration Saarbrückens im Jahr 2010 (MINISTERIUM FÜR UMWELT UND VERBRAUCHERSCHUTZ 2013, S. 34)

Die Maßnahmen des Luftreinhalteplans werden in vier Kategorien unterteilt: Maßnahmen im Bereich der *Fahrzeugtechnik*, *verkehrslenkende* Maßnahmen, *Förderung Umweltverbund* sowie *sonstige Maßnahmen*. Für jede Maßnahme liegt außerdem eine Wirkungsabschätzung (+ gering, ++ mittel, +++ hoch) vor.

Einige bereits durchgeführte Maßnahmen sind bspw. die Förderung von Bussen, die eine Nachrüstung mit Abgasbehandlungssystemen bzw. die Anschaffung neuer Fahrzeuge vorsieht (Kat. 1, ++), der Bau der Ost- und Westspange (Kat. 2, ++), der Bau der Saarbahn (Kat. 3, ++) sowie der Ausbau des Fernwärmenetzes (Kat. 4, +) (vgl. ebd. S. 44ff.).

Die Prognose für das Jahr 2015 ergibt für fast alle Messorte eine Verbesserung der Immissionssituation um 1 bis 3 $\mu g/m^3$. Allerdings zeigt die Modellrechnung auch, dass es auch 2015 noch Bereiche in der Saarbrücker Innenstadt geben wird, die ohne weitere Maßnahmen über dem vorgeschriebenen Jahresgrenzwert liegen werden.

Diese Bereiche sind in der folgenden Abbildung durch eine rote Umrandung markiert. Es handelt sich um die Belastungsschwerpunkte Brückenstraße/Breite Straße (A), Viktoriastraße/Eisenbahnstraße/Stengelstraße (B), Kaiserstraße/Dudweilerstraße (C) und Mainzer Straße/Paul-Marien-Straße (D) (vgl. ebd. S. 36).

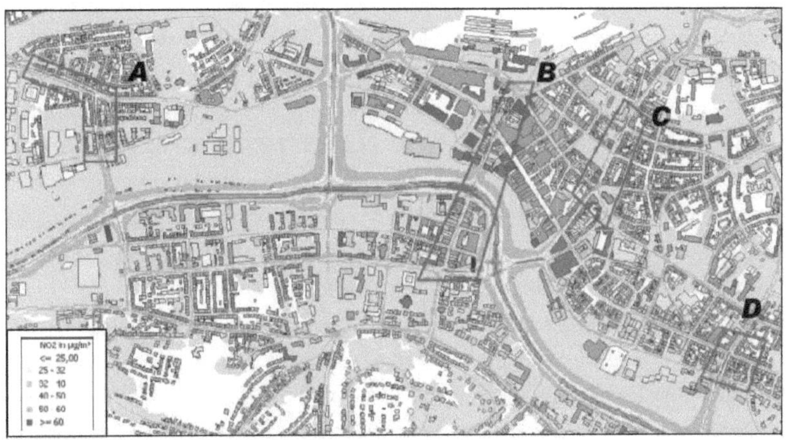

Abbildung 3-16: Betrachtungsgebiet mit Belastungsschwerpunkten (NO_2) im Jahr 2015.

Abb. 9: Prognose der NO_2-Belastung Saarbrückens für das Jahr 2015 (MINISTERIUM FÜR UMWELT UND VERBRAUCHERSCHUTZ 2013, S. 36)

5 Zusammenfassung

Wie die vorliegende Arbeit gezeigt hat, sind die Ursachen des Stadtklimas zwar physikalischer Natur, aber immer anthropogen beeinflusst.

Die Ursachen lassen sich in drei Gruppen zusammenfassen:

Im Vergleich zur natürlich gegebenen Erdoberfläche liegen in der Stadt durch die Schaffung von Baukörpern sowie Versiegelung technogen *veränderte Oberflächen* vor, was sich wie in Kapitel 2 beschrieben u.a. auf die Albedo, Luftfeuchtigkeit und Windgeschwindigkeit auswirkt.

Es kommt zu einer massiven *(Ab-)Wärmeproduktion*, was gegenüber dem Freiland zu einer Veränderung des physikalischen Zustands der Atmosphäre führt. Dies verursacht Veränderungen der Lufttemperatur und der Wärmeausstrahlung und somit die Bildung der städtischen Wärmeinsel.

Durch die enorme Produktion von *Luftbeimengungen* wird die chemische Zusammensetzung der Atmosphäre über der Stadt beeinflusst, was sich auf den Strahlungshaushalt und besonders auf die Luftqualität auswirkt (vgl. auch LESER 2008, S. 102).

Den Problemen der veränderten Oberflächen und der Wärmeproduktion kann durch stadtplanerische Maßnahmen, wie dem Erhalt oder Anlegen von Kalt- und Frischluftleitbahnen und urbaner Durchgrünung, entgegen gewirkt werden.

Gerade die Luftqualität ist allerdings in den letzten Jahrzehnten in den Vordergrund gerückt, da die Belastungen für Mensch und Umwelt insbesondere durch den Anstieg des Verkehrsaufkommens gestiegen sind.

Gleichzeitig wirken sich natürliche geographische Faktoren, wie eine Kessellage mit geringer Frischluftzufuhr, noch negativ verstärkend aus, wie die Fallbeispiele gezeigt haben.

Der Mensch selbst kann nur auf die anthropogen verursachten Einflüsse einwirken, dies allerdings bisher nur in eingeschränktem Maße:

Zwar gibt es mittlerweile zahlreiche Messstationen und gesetzliche Regelungen, die Grenzwerte und Gegenmaßnahmen bei einer Überschreitung dieser Grenzwerte vorschreiben, die Umsetzung und der Effekt dieser Maßnahmen muss jedoch noch längerfristig geplant bzw. beobachtet werden.

Die in den Luftreinhalteplänen der Städte geplanten Maßnahmen scheitern bislang zum Teil an rechtlichen Voraussetzungen (z.B. ein Mindestbesetzungsgrad von PKW) oder notwendigen Ausnahmeregelungen, die bspw. Rettungs- und Versorgungsfahrzeuge von einem Fahrverbot befreien müssen.

Andere Maßnahmen können zwar kurzfristig umgesetzt werden, bringen im Vergleich aber nur geringe Erfolge – hierzu zählen u.a. Geschwindigkeitsbegrenzungen – oder zeigen erst im längerfristigen Gebrauch eine Wirkung, wie z.B. die Verschärfung der EU-Abgasnormen (vgl. auch LANDESHAUPTSTADT STUTTGART d) o.J., web).

Es wird sich also erst in Zukunft zeigen, ob die aktuell durchgeführten und geplanten Maßnahmen dem nach wie vor steigenden Verkehrsaufkommen und den damit verbundenen Emissionen ausreichend entgegenwirken können.

6 Literaturverzeichnis

Monographien:

KUTTLER, W. (2009): *Klimatologie.* Paderborn.

LAUER, W., BENDIX, J. (2006): *Klimatologie.* Braunschweig.

LESER, H. (2008): *Stadtökologie in Stichworten.* Berlin, Stuttgart.

Aufsätze in Sammelbänden:

MÜLLER, M. (1998): *Stadtklimaanalyse am Beispiel der Stadt Stuttgart – Entwicklung einer GIS-gestützten Methode.* In: Stuttgarter Geographische Studien. Band 128. Stuttgart. S. 89-108.

Internetquellen:

DEUTSCHER WETTERDIENST (2013): *Klimadaten. Temperatur, Niederschlag, Sonnenstunden.*
URL a):
http://www.dwd.de/bvbw/generator/DWDWWW/Content/Oeffentlichkeit/KU/KU2/KU21/klimad aten/german/temp__6190__akt__html,templateId=raw,property=publicationFile.html/temp_6 190_akt_html.html (letzter Abruf 28.08.2013)
URL b):
http://www.dwd.de/bvbw/generator/DWDWWW/Content/Oeffentlichkeit/KU/KU2/KU21/klimad aten/german/nieder__6190__akt__html,templateId=raw,property=publicationFile.html/nieder _6190_akt_html.html (letzter Abruf 28.08.2013)
URL c):
http://www.dwd.de/bvbw/generator/DWDWWW/Content/Oeffentlichkeit/KU/KU2/KU21/klimad aten/german/sonne__6190__akt__html,templateId=raw,property=publicationFile.html/sonne_ 6190_akt_html.html (letzter Abruf 28.08.2013)

EUR-LEX (2013): *Richtlinie 2008/50/EG des Europäischen Parlaments und des Rates vom 21. Mai 2008 über Luftqualität und saubere Luft für Europa.*
URL:
http://eur-lex.europa.eu/LexUriServ/LexUriServ.do?uri=OJ:L:2008:152:0001:01:DE:HTML (letzter Abruf 28.08.2013)

LANDESHAUPTSTADT SAARBRÜCKEN (2011): *Lage, Fläche und Tourismus.*
URL:
http://www.saarbruecken.de/assets/2012_11/1353015912_lage_fl_che_und_tourismus_2012
.pdf (letzter Abruf 28.08.2013).

LANDESHAUPTSTADT STUTTGART – AMT FÜR UMWELTSCHUTZ – ABTEILUNG
STADTKLIMATOLOGIE (o.J.): *Stadtklima Stuttgart.*
URL a) http://www.stadtklima-stuttgart.de/index.php?klima_klimainstuttgart (letzter Abruf
28.08.2013).
URL b) http://www.stadtklima-stuttgart.de/index.php?luft_rueckblick_1698 (letzter Abruf
28.08.2013).
URL c) http://www.stadtklima-stuttgart.de/index.php?luft_luftinstuttgart (letzter Abruf
28.08.2013).
URL d) http://www.stadtklima-stuttgart.de/index.php?luft_luftreinhalteplan_stuttgart (letzter
Abruf 28.08.2013).

Sonstige Quellen:

LANDESHAUPTSTADT STUTTGART – AMT FÜR UMWELTSCHUTZ – ABTEILUNG
STADTKLIMATOLOGIE (2006): *Das Klima von Stuttgart.* Stuttgart.
MINISTERIUM FÜR UMWELT UND VERBRAUCHERSCHUTZ (2012): *Luftreinhalteplan.*
Saarbrücken.